今天我想來點中式點心

麵點、餅、派、糖、鬆糕、甜湯，30 種傳統味道新魅力

陳妍希 著

—序—

我的「東方菓道」之路

　　我是個廚房工作者，但並非廚師，也不是傳統意義上的老師。用日本人的說法，我這工作應該說是「料理研究家」。

　　二十多年前，在有線電視發展最火熱、最鼎盛的時期，我有幸受到年代電視台的邀請，主持了一個以烘焙為主的料理節目《做點心過生活》。將近四年的節目中，我做了約一千種西式點心，很幸運地受到大家的喜愛。

　　接下來二十年的人生中，我簡直就是為西點而活。不斷地學習各種點心工法，上更深入的研習課，也挖掘喜愛糕點的文化歷史背景。有的時候，我都懷疑可能我比西方人還了解這些糕點的歷史。

　　在這流逝的時光中，常常發生一些小小尷尬的事。就是每當中秋節將至，總有許多教室請我教大家製作蛋黃酥和綠豆椪之類的中式點心。

　　老實說，這真不是我的強項，但也真的讓我思考了。我對於來自那萬里之外的國度飲食種種爛熟於心，甚至連歷史考證可能都說得上兩句。可是卻對自己身邊的飲食文化懵懵懂懂，這實在有些說不過去啊！

　　此時我再回頭檢視自己的母文化，發現了很有意思的地方。和西點比對起來，我們華人也有工法類似的點心。可是隨著文化霸權的轉

移，這些東西漸漸沒落，有些東西甚至被貼上了「老土」的標籤。當一位中點師傅和一位西點師傅並肩站立時，西點廚師顯然更有光彩。唉，這轉變真是不堪回首啊。

所以，我想試著扭轉這局面，我想挖掘這些老東西。然而我也不想遵循祖制，因此有了這本書。

這絕非一本做法傳統地道的食譜教學，因為內裡記載的都是我天馬行空的想法和喜好。當然，我還是參考了正統的配方比例，所以別擔心，做出來的成品都是好吃的。

我將這樣的概念，形容為我的「東方菓道」之路。目前路上還人煙稀少，但我希望各位讀者朋友們一起前行，一起在寬大的道路上盡情遊戲。

陳妍希

CONTENTS
目錄

Part

1

漢式麵包

芝麻醬燒餅

　　這可能是我人生中最早開始學著做的中式燒餅了。小時候，聽爸爸提起用芝麻醬燒餅夾著醬肉時，他眼中看起來閃著星星，當時我就認定這絕對是一種超好吃的餅。但是那時家裡可以做的都是蔥油餅、家常餅這類鍋煎餅，直到我成為西點老師之後，便躍躍欲試想做做看。我自己瞎子摸象般摸索著，漸漸也做得有模有樣。

　　而我喜歡把它當成麵包，做成夾料豐富的漢堡，用濕潤的內餡襯托餅的香脆。這樣亦中亦西的滋味，總讓人眼裡不斷冒出愛心。

・材料・　　　Ⓐ　　　　　　　　　　　　Ⓑ

中筋麵粉	500克	芝麻醬	30克
酵母（小蘇打）	1/2茶匙	花椒粉	1/4茶匙
鹽	1/4茶匙	五香粉	1/4茶匙
水	300 c.c.	醬油	1/2茶匙
		蛋白	適量
		芝麻	適量

· 做法 ·

1 材料 A 混合，揉成光滑麵糰後，靜置醒麵 20 分鐘。

2 將材料 B 混合均勻。

3 將步驟 1 的麵糰擀開，在表面刷上步驟 2 的醬料，捲起成為條狀。

4 捲成長條的麵糰分成 15 份，立起揉成圓球，再將圓球壓扁。

5 表面刷上蛋白，沾上芝麻。

6 移至烤箱，以 200℃ 烘烤約 15～20 分鐘即可。

tips

使用花椒前,先將花椒粒磨碎為粉狀。

千層餅

在西點的世界，大家都很喜歡吃可頌麵包。我覺得用燒餅的做法，也能模仿出可頌麵包的外型，但相對來說熱量低多了，所以我試著做出這個千層餅。其實在中式傳統麵點的做法裡面，也有類似這樣的手法。北方人愛吃的某種鍋盔，就是很類似的做法。不過我用了西方人喜愛的奶油，讓這個中國傳統點心穿了西洋的外衣，看起來是不是很有趣呢？

• 材料 •

Ⓐ	Ⓑ
中筋麵粉............200克	奶油或香味油........適量
酵母................1/2茶匙	鹽........................適量
鹽..................1/4茶匙	
奶油..................30克	
水....................120 c.c.	

· 做法 ·

1 材料A拌勻，靜置醒麵30分鐘後，分成10份，揉成小球狀。

2 小球狀麵糰壓扁擀開，刷上材料B的奶油與鹽之後後捲起。

3 小捲豎著放入烤模，然後在溫暖無風處靜置約30分鐘。

4 放入烤箱以200°C烘烤約10〜12分鐘。

蔥燒餅

　　這是靠近立法院知名燒餅店的人氣商品，也是我家早餐桌上登場頻率很高的單品，原因無他，就是「無敵好吃、做法超級簡單」。雖然我教大家用烤箱製作，但我特別喜歡用鬆餅機來做，因為在分秒必爭的早晨，不需看顧爐火的鬆餅機，可以讓我騰出兩隻手忙別的事，提高一點效率。在此也幫鬆餅機去一下汙名，它絕不是「剁手商品」，反而是忙碌主婦製作早餐的好幫手。

・材料・ Ⓐ

中筋麵粉	200克	鵝油香蔥	適量
酵母	1/2茶匙	青蔥	適量
鹽	1/4茶匙	鹽	適量
水	120 c.c.		

· 做法 ·

1　材料 A 混合拌成麵糰，靜置醒麵 30 分鐘。

2　將麵糰擀開成大張薄片，表面刷滿鵝油後三摺呈長條型。

3　再將麵糰擀開一些，撒上鵝油中的蔥、青蔥及鹽，再摺三摺。

4　切成 4 至 5 條長條，放在烤盤上，入烤箱以 220℃ 烘烤約 10 分鐘。

---

tips

傳統做法會使用豬油或油酥，但我改成了鵝油，讓香味變得更清爽。不過想用什麼油都可以，想簡便的話，想使用沙拉油也行得通。

繼光餅

　　繼光餅是歷史悠久的福建小吃，頂著戚繼光將軍的名頭，聲名遠播。我一直只聞其名，直到長大成人後才真正見到它本尊。不過初嚐時並不特別青睞它，看不出它的好。直到我看過一段關於它的田野調查的影片後，才對它肅然起敬。古早繼光餅的製作流程，和法國人的棍子麵包真是相似呢。只不過法國人使用平層的蒸氣烤爐，而福建鄉親用的是手貼缸爐，空氣循環和空間利用我覺得更勝一籌。我試著用烤箱製作，出爐香味果真就是台式棍子麵包啊！

• 材料 •

中筋麵粉	200克	糖	一大匙
酵母	1/2 茶匙	水	130 c.c.
鹽	1/4 茶匙		

· **做法** ·

1   所有材料混合拌成麵糰，靜置醒麵30分鐘。

2   將麵糰切成8個小球，壓扁後中央以小刀切出米字型線條，從內向外翻摺。

3   放在烤盤上，噴上清水後入烤箱以220℃烘烤約8～10分鐘。

吃的視覺樂趣

有的時候，朋友會要求我拍一些美美的蛋糕照片。而我總是回答：我不擅長這個耶，我只會做醜醜的蛋糕。

這其實是我西點生涯長久以來的困擾。雖然我的蛋糕是美味的，但總沒有辦法盡如人意地做出非常精美的外型。

二〇一八年時，我做了一個新決定，重新回到中式點心的世界。同時，因為不擅長做美麗的糕點，所以我決定釜底抽薪，拜師學習繪畫，以改善這個事情。

這一學，就是兩年。學畫的過程中，除了自主練習之外，我也開始收集非常多優秀工藝品的照片。所以漸漸地有了一個新想法，想把這些漂亮的景色落實在我的麵點表現中。

理念也許挺有趣的，可是首先我必須先說服自己一件事，就是：可以添加色素幫助表現嗎？

內心像有兩個小人打架了許久，才發現自己真無聊。其實平時我們早就不經意吃下了多少添加物，就別把這色素妖魔化了吧。

再說，使用的量真的很微小。如果實在是不放心，現在市面上也有很多的天然色素，或者用天然蔬果粉做為顏色的添加劑。只不過，蔬果粉比較容易在高溫的環境中變色，相對沒那麼美。

自從我想開了之後，便海闊天空，也發現這小小的改變，可以給我帶來滿大的樂趣。

我是一個挺偏執的人，前面二十年因為固執於味道的追求，對於成品外表曾經滿不在乎。可是現在突然發現這想法好傻，繽紛色彩帶來的飲食趣味並不亞於味道。所以，把水彩畫的繪畫想法延伸到我的燒餅饅頭上，將是我會繼續走的道路。

日落饅頭

　　我學了兩年繪畫，常希望能夠把繪畫藝術應用在我的工作上。曾在黏土雕塑藝術中看到很多可愛的圖型藝術，因為喜歡，所以想放在食物的表現上。我想到用饅頭來做會是非常相似的，所以興起了用饅頭做畫的想法。這一幅日落饅頭，是我心裡想像著坐在沙灘上面觀看日落的感覺。如果是早晨切片當早餐，看到美麗的風景，心情還是挺愉快的呢。

· 材料 ·

中筋麵粉	250克	糖	一大匙
酵母	1茶匙	食用色素黃色、綠色、紅	
鹽	1/4茶匙	色、咖啡色	少許
水	150 c.c.		

· 做法 ·

1　將中筋麵粉、水、酵母、糖與鹽揉成糰。

2　將糰分成4份，各自加入色素揉勻。

3　先將所有麵糰各自揉成和模型長度相等的長條型，然後壓扁。

4　最底層先放咖啡色麵糰做為大地，再依序堆疊紫色的山、橘紅色的夕陽雲彩，中間夾上黃色的太陽。

5　將堆疊好的麵糰放入模型中，放進蒸籠，於39°C溫水上靜置發酵25分鐘，再以大火蒸15分鐘。

6　熄火後不開蓋，燜5分鐘即可。

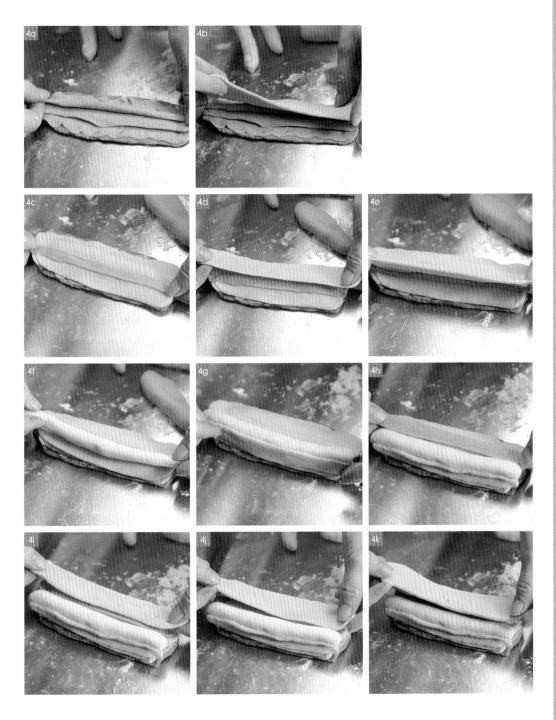

中式麵食的發酵方式其實大同小異，但在做饅頭時，
很多人都容易有麵糰皺起或崩塌收縮的問題。最後在
溫水中發酵的溫度和時間就會是重點了。只要掌握在
39℃～45℃之間的溫度，慢慢醒發25分鐘，就可以
大大降低失敗率。

金鼠饅頭

　　我非常喜歡做刀切饅頭，因為它是一種很方便簡單的麵食。可是白色的小饅頭看起來有點單調，所以我想賦予它們彩色的外表。做成可愛的小老鼠之外，還可以變換成其他的小動物，但憑想像。如果想變化味道，不妨使用現在市面上所售的蔬菜粉或者是水果粉，不但能使味道改變，也能增添色彩。這是一種非常自由的表現，很簡單的方式，就可以讓尋常的點心看起來有趣異常。

· 材料 ·

中筋麵粉............250克
酵母..................1茶匙
鹽..................1/4茶匙
水....................150c.c.

糖......................一大匙
食用色素黃色、綠色、紅色、咖啡色............少許

· 做法 ·

1 　將中筋麵粉、水、酵母、糖與鹽揉成糰。

2 　將糰分成4份，各自加入色素揉勻。

3 　將綠、紅、咖啡麵糰壓成長條疊起，對切後重疊起來，外面包上黃色麵糰，捲起成長條。

4 　將步驟3切成8塊，加上額外留的黃色麵糰捏成耳朵，咖啡色做成眼睛和尾巴。

5 　入蒸籠以39℃水溫發25分鐘。

6 　用中火蒸15分鐘，熄火燜5分鐘即可。

黃金窩頭

傳統窩窩頭的主要材料就是玉米粉。這個玉米粉不是玉米澱粉,而是把玉米磨成細細的粉。我認為是在雜糧饅頭之外很好的一個雜糧選擇。玉米在它的原生家鄉——中南美洲——有另外一個名字:吃的黃金。所以我把它做成了一個金元寶形。如果吃膩了雜糧饅頭,那就換種樣子,依然好吃健康。

・材料・

玉米粉	200克	酵母	2/3茶匙
中筋麵粉	300克	糖	50克
水	170c.c.	滾水	100c.c.
小蘇打	4克		

· 做法 ·

1　玉米粉以滾水燙半熟。

2　中筋麵粉、小蘇打、酵母與糖倒入步驟1的粉糰中,加冷水揉成糰。

3　分成20個小糰。

4　將每個小糰摺成元寶形。

5　放在蒸籠中,以39℃水發25分鐘。

6　再用滾水以中火蒸15分鐘。

Part

2

中國派

彩虹酥

　　近幾年烘焙業有些小小的流行，就是在原本素淨的酥餅外皮增添顏色，融合了早年芋頭酥外皮的手法，再在酥皮的層次裡加上其他顏色。猛一看，如同一球小小的冰淇淋一般。我用這個手法代替了傳統的綠豆椪，當然，內餡也被我修改成略帶鹹味。雖然不太「傳統」，但很好吃喔。

・材料

油皮

中筋麵粉	330克
糖粉	40克
無水奶油	120克
水	130c.c.

油酥

低筋麵粉	310克
白油	90克
無鹽奶油	70克
食用色素	少許

內餡

金華火腿	20克
白豆沙	300克
鹹蛋黃	5顆
酒	2小匙

做法

1 金華火腿放入水中煮5分鐘，熄火加蓋燜20分鐘後，撈起瀝乾，切成碎末。

2 鹹蛋黃噴上酒，用120℃烤5分鐘後壓碎。

3 將鹹蛋黃與火腿拌入白豆沙中，混合均勻後，平均分成10等份。

4 先製作油皮。將油皮的所有材料攪拌均勻成糰狀，平均分成10等份，靜置鬆弛30分鐘以上。

5 接著製作油酥。將低筋麵粉、白油與奶油混合，攪拌均勻，分成4份，分別混入不同顏色的食用色素拌勻。

6 將步驟5的油酥糰分別搓成長條後，各分成10個小圓球。

7 每一份鬆弛完成的油皮，各包入4個不同顏色的油酥球，包好之後，壓扁捲成條狀。

8 然後再次按扁，從窄的那頭捲起成欄，在中央切一刀，但不切斷。再往兩邊打開，
   包入內餡。

9 放入烤箱，以上火160℃，下火180℃烘烤約30～35分鐘即可。

tips

油酥的材料中使用了兩種不同的油脂，是為了兼
顧奶油的香氣，和白油的酥鬆感。千萬不要嫌麻
煩，這樣配出來的酥皮會既酥且香。

豹紋菠蘿蛋黃酥

和其他擁有悠久歷史的糕點比起來，蛋黃酥其實挺「年輕」的，大約到西元一九七〇年代才出現在大家眼前。在當時，還是一種時髦創新的酥餅。現在我發現它還可以做出更多變化。也許不符合一般印象中的風貌，但我覺得更好玩。所以just do it，做就是了。

· 材料 ·

菠蘿皮

無鹽奶油	100克
糖粉	50克
海鹽	1/4茶匙
奶粉	20克
全蛋	1顆
低筋麵粉	160克

油皮

中筋麵粉	330克
糖粉	40克
無水奶油	120克
水	130c.c.

油酥

低筋麵粉	310克
白油	90克
無鹽奶油	70克
紅色食用色素	2滴
竹炭粉	1/4茶匙

內餡

豆沙餡	360克
鹹蛋黃	10顆

• 做法 •

1 豆沙分成10等份，分別包入1顆鹹蛋黃，放置於一旁備用。

2 先製作油皮。將油皮的所有材料攪拌均勻成糰狀，平均分成10等份，靜置鬆弛30
分鐘以上。

3 接著製作油酥。將低筋麵粉、白油與奶油混合，攪拌均勻，分成10份。

4 每一份鬆弛完成的油皮各包入1個油酥球，包好之後，壓扁捲成條狀，然後再次按
扁，從窄的那頭捲起成糰，成為酥皮，放置於一旁備用。

5 將波蘿皮材料中的奶油、糖粉與鹽混合打發後，加蛋打勻。再拌入奶粉與低筋麵粉
攪拌成糰。

6 從步驟5的麵糰中取出2小份麵糰，分別拌入紅色食用色素和竹炭粉，成為紅色與
黑色的麵糰。

7 紅色麵糰搓成長條後切成小塊，黑色麵糰則搓成非常細長的細條狀。

8 將原色麵糰稍微擀開，在整張麵糰錯落地放上紅色小圓片麵糰，圓片外圍圍上黑色
麵糰細條，然後擀開成為有豹紋花樣的薄片，以餅乾圓模切出10片圓片，成為菠
蘿皮。

9 取步驟4的酥皮麵糰，分別包入內餡，再於表面蓋上菠蘿皮，稍微壓緊。

10 放入以180℃預熱的烤箱，烘烤約25～30分鐘即可。

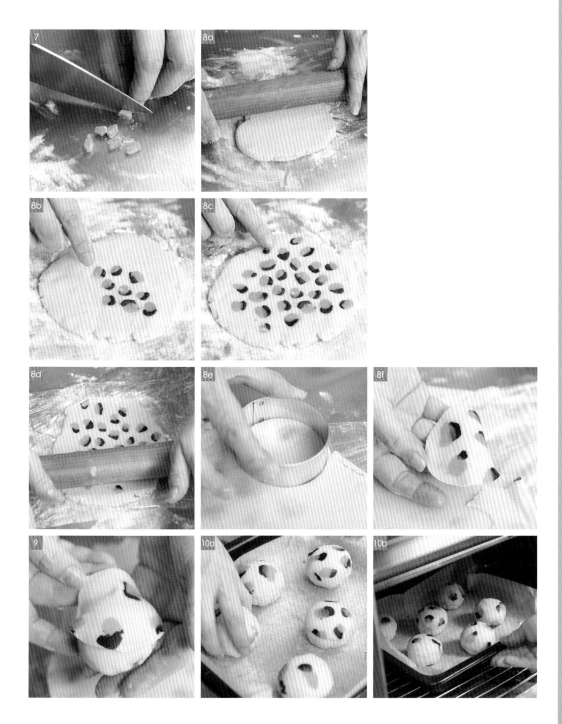

鳳梨酥

　　有「小金磚」美譽的鳳梨酥，在伴手禮市場中，據說一年占有上億台幣的商機，可見人們有多愛吃它。我對鳳梨酥的熱愛，源於童年時吃到的鳳梨月餅，時至今日，卻覺得給它穿戴不同的外衣、改變不同的內裡風貌，是件有意思的事。鳳梨並非台灣的原生水果，卻因經濟價值而在這片土地生根結果，所以我覺得鳳梨酥是台灣很特別的傳統點心。讓它的模樣變得美麗有趣，就是我心中嚮往的目標。

• 材料 •

酥皮

無鹽奶油	120克
糖粉	40克
海鹽	2克
全蛋	1/2顆

Ⓐ

低筋麵粉	150克
泡打粉	1/4茶匙
奶粉	20克
Cheese粉	10克

內餡

土鳳梨餡	250克
椰子油	10克

抹茶粉	2茶匙
紅麴粉	2茶匙
可可粉	2茶匙

· 做法 ·

1. 將鳳梨餡和椰子油仔細混拌均勻後，分成18份，放置於一旁備用。

2. 無鹽奶油、糖粉與海鹽混合打發後，將蛋拌入，繼續攪打至蛋液全部被吸收。

3. 材料A的所有粉類過篩，拌入步驟2的奶油蛋糊中混合成為麵糰狀，分成4份，一份做為原色麵糰，另外三份分別拌入抹茶粉、紅麴粉與可可粉。

4. 將原色麵糰與另外三種顏色的麵糰各自搓成長條，合為一束，再略為搓長，切成18份。

5. 切好的麵糰擀成圓片，將鳳梨餡包入，再放進模具中，輕輕按壓至與模具高度等高，並填滿模具。

6. 連同模具放入烤箱，以上火180℃，下火220℃烘烤約20分鐘。烤好之後立刻脫模。

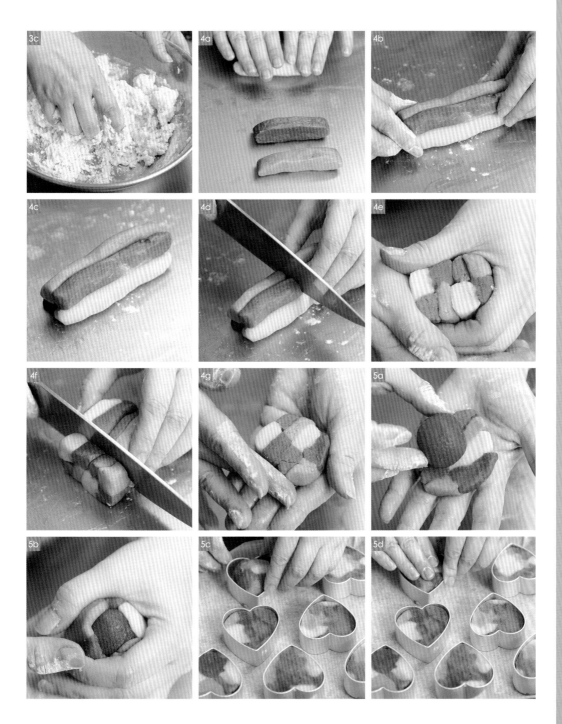

口酥餅

　　鹿港玉珍齋的口酥餅，是我和這款中式餅乾的初相逢，吃到它的當下，我驚艷不已。那是大學時期閨蜜送的貼心小禮物，也正是我學習蛋糕製作的初期。沉浸於西點製作的我，就此認識了這個口味毫不遜於西點的中式餅乾。後來我發現澳門的杏仁餅和它有點相似，於是得到一個結論，就是餅乾的世界是沒有地域分野的，無論使用洋風還是漢風素材，都可以表現出色。所以儘管放心大膽地嘗試代換各種口味吧！

• 材料 •

低筋麵粉	150克	杏仁粉	80克
糖	120克	奶油	80克
鹽	少許	水	1大匙

· **做法** ·

1　低筋麵粉、糖、鹽與杏仁粉混合均勻。

2　將步驟1的粉料與奶油混合，搓成小顆粒狀，再慢慢加水增添黏性，直至可稍微捏成糰即可。

3　將麵粉糰分成適量大小，放入巧克力模中，稍加按壓成形，再敲出來。

4　鋪排在烤盤上，放入烤箱以180℃烘烤約10～15分鐘。

冰皮月餅

　　雖然名字叫做月餅，其實它真正的身世是一個麻糬。只不過和傳統的麻糬比起來，它的外皮有很大的不同，這種皮不完全使用糯米，還添了少量其他澱粉。同時在攪和的時候呢，將水改成牛奶。別小看這一點點修改，以及加入奶油的作用，如此一來，餅皮會變得更加柔軟細緻。我讓它的外皮多了抹粉彩色，這是我愛的風格。餅皮有點半透明，看起來更夢幻些。中秋時節的台灣天氣基本上還很炎熱，我覺得這質地柔軟而且口味清爽的月餅，很適合在這個季節享用。

·材料·

皮

糯米粉	30克
在來米粉	30克
澄粉	15克
糖	15克
牛奶	125 c.c.
煉乳	15克
油	15克

內餡

白豆沙	200克
玫瑰果醬	3茶匙
色素	少許

· 做法 ·

1. 將所有的粉類和糖倒進碗中，加入牛奶和煉乳拌勻。

2. 粉漿過篩後用微波爐加熱，每次1分鐘，共加熱兩次。每次加熱後都要攪拌均勻。
   若未完全熟透至略帶透明感，就再加熱30秒。若沒有微波爐，可使用蒸籠蒸30分
   鐘。

3. 在熟了的步驟2粉糰中加入奶油，揉拌均勻後放涼，留出一小塊，加入喜歡顏色的
   色素。

4. 豆沙內餡分成10份揉圓，涼了的米糰也分成10份。

5. 先把有顏色的米糰擀薄後切小塊放在白色米糰上。

6. 將豆沙包入米糰中，最後以月餅模壓出形狀即可。

我做的是玫瑰豆沙口味，直接在白豆沙中拌入玫瑰果
醬。可以用任何口味的果醬來改變豆沙的味道，或改
用芋泥、棗泥，這些在烘焙材料行都買得到。

家中的第一次飲食文化融合

華人的一年三節分別是舊曆春節、端午和中秋。這其中春節的年糕和中秋的月餅，我們家一向是買現成的。所以一年中，唯一要包的粽子就顯得很重要了。

由於父親來自上海，我們家中必然要包湖州粽子了。鹹的為中間一整塊五花肉，襯著以醬油泡得鹹滋滋的糯米。甜的就是不調味的白糯米，包著板油豆沙。我們家還會多包一款上海專有的赤小豆粽。只用白糯米和紅豆混合包好，水煮熟後沾著白綿糖吃。

雖然這些粽子都很好吃，但我還是很希望老媽也包一些台式肉粽。基於老么的諂媚總會得逞，所以媽媽也會為了我多做一款台式肉粽。

老媽是位標準的宜蘭小姐，但婚後在老爸的口說教導下，做了一手上海菜。上海粽子當然很好吃，小時候我覺得她的台式肉粽也很好吃。但隨著我長大，身邊的同學總在爭執北部粽和南部粽誰才好吃。我漸漸發現，我家的台式肉粽好像既不北也不南。正確地說，它是湖洲肉粽的台灣版。是滿好吃的，只是很難定義。

我想，這是我家第一次的飲食文化融合。我甚至覺得，日後我做出的所有修改版本都受到了這個啟發。在我看來，好吃、方便、容易製作、價廉才是我追求的。很沒文化高度對不對？但我開心！

鯛魚燒

　　在我臉書粉絲頁中出現過的這條小魚，曾引起滿多的迴響。這是一條麻糬口感的小魚，大家看了都喜歡。除了外觀可愛，製作起來還像夾鬆餅一樣簡單，吃起來就像烤過的年糕。曾經有段時間，日本人熱中於把年糕用鬆餅機夾熱來吃，和我們做出來的小魚口感就很相似。

• 材料 •

糯米粉.............120克　　滾水.................30c.c.
泡打粉............1/2小匙　　油....................一大匙
水....................30c.c.　　豆沙.................80克

· **做法** ·

1　先將冷水30 c.c.與油倒入糯米和泡打粉中略為攪拌。

2　再將30 c.c.水煮滾，澆入步驟1中，攪拌成米糰後分成4份。

3　豆沙分成4分，略為搓成長條形，包入米糰裡。

4　接著放入鬆餅機的鯛魚燒模中，烘烤約7～10分鐘即可。

tips

為了維持外皮粉糰顏色的白皙，加入的油脂最好選擇
無色的透明植物油脂。若不在乎色澤，想使用奶油也
可以。

桃酥

　　我是非常愛吃桃子的人，小時候一直覺得這餅乾名不符實，桃酥裡面既沒有桃子，長得也不像桃子。長大後，才終於知道這純然是我的誤解。這款餅乾的全名，是「核桃酥」才對，餅裡會混入切碎的核桃。不過只要做法相同，無論有沒有核桃，都挺好吃的。拿它當做小朋友的收涎餅，保證全家都一口接一口吃得笑呵呵。

• 材料 • ──────Ⓐ──────

低筋麵粉..........200克	糖粉.................100克
泡打粉..........1/4茶匙	白油.................70克
小蘇打粉........1/2茶匙	奶油.................50克
	碎核桃...............50克
	蛋黃.................1個

註：若想加以裝飾，可另外準備杏仁片與融化的巧克力。

· **做法** ·

1   白油、奶油和已篩好的糖粉放入鍋中，一起打發。

2   步驟1中加蛋黃拌勻，再加入篩過的材料A。

3   核桃以120°C烤約5分鐘放涼，切碎。

4   切碎的核桃加入步驟2的麵糊中，拌勻後刮入保鮮膜中包好，放入冰箱醒發1小時。

5   將步驟4的材料分成10～12片，以170°C烤20分鐘，再燜3～5分鐘即可。

6   出爐後，以融化的巧克力加以裝飾。

我心目中的厲害「餅乾」：桃酥

小時候我認為桃酥的全名是「萊陽桃酥」，從我有記憶起，就聽大人就這麼說。

要原諒學齡前的文盲兒童，並沒搞清楚萊陽是地名。更沒搞清楚桃酥的桃，指的是核桃而非仙桃。所以在我心中，桃酥很厲害。我並不特別熱愛桃酥的味道，但衝著它很厲害也是要吃的啊。

啟蒙識字後自然明白了萊陽在山東，不論這小餅乾是否起源於山東，但可以肯定它在山東落地生根並發揚光大

認真地討論桃酥的歷史來源有點讓我暈頭，因為眾說紛紜，而且都繪聲繪影精彩得很。但熱愛食考的我，對這些故事通通接受，總之我心裡就直接把它當成了餅乾，並且是仙桃餅乾，吃它是吃一個思古幽情。

既然是個餅乾，當然我就照餅乾的作法處理。現在大家都喜歡把餅乾做成毛毛愛寵的造型，那我最愛無尾熊，就讓它變身無尾熊了。

Part
3

東方糖果

清涼綠豆糕

　　綠豆大概是從小到大陪伴我最久的甜點食材了。小時候皮膚不好，夏季裡，媽媽總三不五時地煮綠豆湯讓我們清涼解熱。而我喜愛綠豆煮出來的所有東西，特別是蘇式綠豆糕。那種含在口中沙沙的感覺，香甜滋味慢慢流入喉中，讓人快樂得不得了啊！

• 材料 •

去皮綠豆	300克	花生油	20克
糖	40克	奶油	50克
桂花醬	20克	豆沙餡	80克
麻油	10克		

1　綠豆在水中浸泡一夜後瀝乾，以小火蒸一個小時。

2　蒸熟的豆子碾壓成豆沙，放入鍋中加麻油、花生油與奶油炒成豆沙糰。

3　離火後拌入桂花醬，混合均勻。

4　豆沙糰平均分成15份，將豆沙餡包入糰中，接著放進模型壓出形狀即可。

溫醇如玉綠豆糕

我超愛吃綠豆糕，是那種吃到牙疼了還不能停下來的愛。

小時候愛吃普一，或者是采芝齋的綠豆糕，只要打開了，真是整盒都可以一個人吃光光。

我喜歡那種綿軟綿軟的化口濃香味道。長大後才知道原來那個味道是麻油創造出來的。對我來說有點不可思議。甜的食物要加上麻油，這個想法有點超過我的認知。

我後來發現，普遍來說，在中式點心裡面，可以創造出亮點的香氣常常來自芝麻油。之後我長大了一點，開始有許多人會把炒綠豆糕的油脂從麻油加豬油改成全奶油。漸漸地這變成了一個風尚。想吃到麻油炒出來的綠豆糕再也不容易了。尤有甚者，把綠豆糕改成了冰藏，雖然也很好吃，但小時候的樸素點心仍時時勾起我的想念。

即使我做西點很久了，不過在碰到綠豆糕這個主題時，我仍然懷念著那股麻油味道。

其實很多中國北方的綠豆糕配方加的油並不多，而嚐來乾乾鬆鬆的台式綠豆糕也不大加麻油。所以眾多版本裡面，我還是喜歡江南人的蘇式綠豆糕。一直到年紀漸長，顧慮其中油脂含量很高，才減少了對綠豆糕的追求。

後來我在資料中看到，有些地區的人喜歡在端午節時買盒綠豆糕全家分享。這才發現古老的民間智慧真厲害，綠豆除了是醉人的甜點，它還是醫療保健時驅暑去毒的聖品啊！端午節吃粽子之外，還推薦大家吃點綠豆糕。

棗泥核桃糖

如果說有什麼是我兒童時期心目中第一名的夢幻點心，大概當屬這個棗泥核桃糖了。在我還是小朋友的時候，它通常都是從香港進口，而且只有過年才可能出現在桌上。長大後發現這個零食並不難做，同時市面上也販售現成的棗泥，簡直是讓我太開心了。每次做完，大概都進了我一個人的肚子裡。純棗的香氣實在太吸引人了，這種古典糖食真的大勝西洋糖果啊！

• 材料 •

麥芽糖	250克	水	45 c.c.
二砂糖	65克	無鹽奶油	25克
純棗泥	300克	核桃	200克
玉米粉	35克		

1　麥芽糖、二砂糖與棗泥在鍋中煮至沸騰。

2　玉米粉與水混勻後倒入步驟1中，繼續以小火慢炒成糊。加入無鹽奶油，以及乾炒過的核桃，熄火拌勻。

3　平盤鋪好防沾紙後倒入棗泥，再蓋上一張防沾紙，壓扁放涼後切小塊即可。

牛軋糖

　　這種糖果，說來是貨真價實的舶來品啊。它是法國南部傳統的糖果，可是傳到台灣，被落地生根本土化了，成為我們全民都愛的糖果，也變成了台灣相當具代表性的伴手禮。此外，台灣的水果種類豐富多元，可以做成各式各樣的果乾，和牛軋糖結合，產生了一個可愛的全新面貌。我很喜歡芒果乾，再加上各色堅果放入牛軋糖裡頭，真是繽紛又美味。

· **材料** ·

水	50 c.c.	奶油	45克
白色麥芽糖	660克	奶粉	90克
鹽	2克	杏仁片	100克
蛋白	3個	芒果乾	150克
糖	100克		

• **做法** •

1　鍋中先放水再放麥芽，最後放入鹽，一起煮至135～140℃。

2　把糖加入蛋白中，攪打至不會流動的濕性發泡。

3　將煮好的糖漿沖入打發蛋白中，再拌入融化奶油、奶粉、堅果和芒果乾。

4　平盤中舖好防沾紙後放入糖泥，鋪平。放涼後切塊。

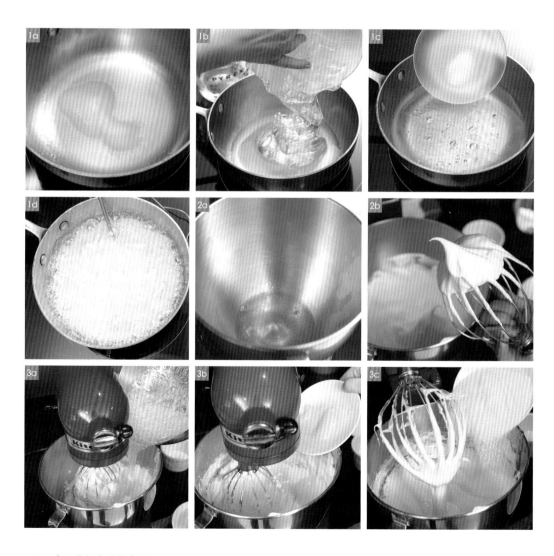

明星軟糖

　　一九六〇、七〇年代，台北最紅的咖啡館，可能就屬明星咖啡屋了。明星咖啡屋專賣俄羅斯風格的點心，當時他們販賣一種白色柔軟的糖果，就是這款明星軟糖。傳統的明星軟糖中間只有一層核桃，可是因為我偏愛香甜味，同時也喜歡明亮色彩，所以在配方中添加了一些金橘乾。但是懷舊的氣氛，依然存在這個小糖果中。科普一個小歷史：這種軟糖，其實就是歐洲人喜歡吃的棉花糖。而棉花糖在過去的歐洲，其實是治療咳嗽喉嚨痛的喉糖。食品的誕生和演化，真是讓人感到十分有趣呀！

• 材料 •

洋菜粉（或洋菜絲亦可）……………2.5克	鹽……………1克
水……………90 c.c.	蜂蜜……………15克
明膠……………12克	白色麥芽糖……………299克
水……………27 c.c.	碎核桃……………3大匙
糖……………62克	金橘乾……………3大匙
	玉米粉……………適量

· 做法 ·

1. 洋菜放入90 c.c. 水中，明膠放入27 c.c. 水中，分別靜置約10分鐘。

2. 鍋中先放麥芽，再放糖、鹽、蜂蜜和洋菜，煮至112℃後熄火。

3. 糖漿降溫至90℃，將明膠加入，再倒進攪拌缸中，以中速攪打至乾性發泡。

4. 先在防沾紙上撒大量玉米粉，再倒上步驟3的糖漿，接著在其中一半的範圍內鋪上堅果和金橘。

5. 對摺起來，把另外一半蓋上，撒上玉米粉後壓平，放涼即可切塊。

這種糖果非常黏,即便在防沾紙上也不易操作,所以
必須先撒上大量玉米粉防沾。若不放心玉米粉生食,
可先在鍋中以小火乾炒5分鐘,讓玉米粉熟化。

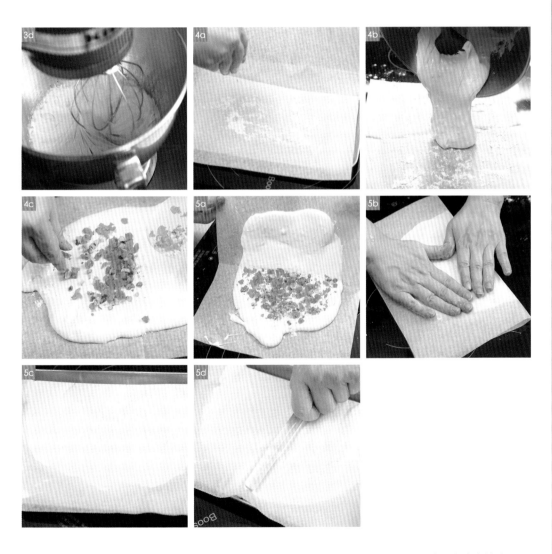

草莓龍鬚糖

　　龍鬚糖曾經是台灣各大風景景點的重要伴手小吃，但曾幾何時它已經消失在街頭了。當我學習了龍鬚糖的製作手法和保存方式後，實在有點感嘆。這個製作起來略為困難，但是價格相當低廉、同時保存不易的糖果，真的很可能就這樣慢慢消失在時代的洪流之中。看起來是一個很普通的糖果，可是要把它拉成一根根如髮絲般的細線，同時還不能斷，其實是有難度的。不過，它真正的難處在於煮糖時溫度的準確度。糖漿的最終溫度挺難掌握的，如果糖漿煮得好，就算成功了一大半。而溫度不足夠的糖漿，在一開始就註定了失敗的命運。所以，如果按著我的配方卻總是失敗也別灰心，因為我也是不斷地失敗啊！

・材料・

葡萄糖漿	100克	乾草莓粉	2大匙
糖	200克	玉米粉	適量
水	40 c.c.		

- **做法** -

1　鍋中放入水、糖、色素，再放葡萄糖漿煮至130℃。

2　倒入小模型中，噴些水，蓋上保鮮膜放涼。

3　玉米粉放入烤箱，以100℃烤12分鐘，烤熟消毒。

4　將降溫至可徒手碰觸的糖塊壓成圓形，中間開個洞成為甜甜圈形，一邊沾玉米粉，
　　一邊拉扯。

5　對摺，沾粉再拉，總共重複7次，成為髮絲狀。

6　拉一小段，捲成長條後撒上草莓粉即可。

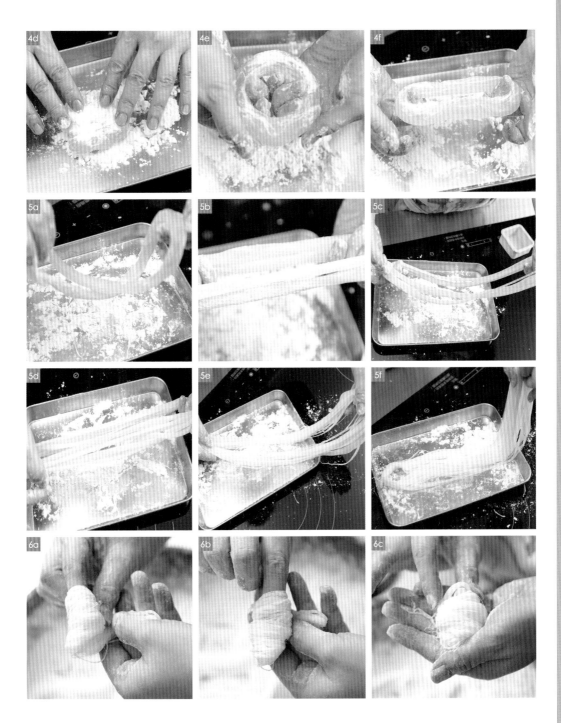

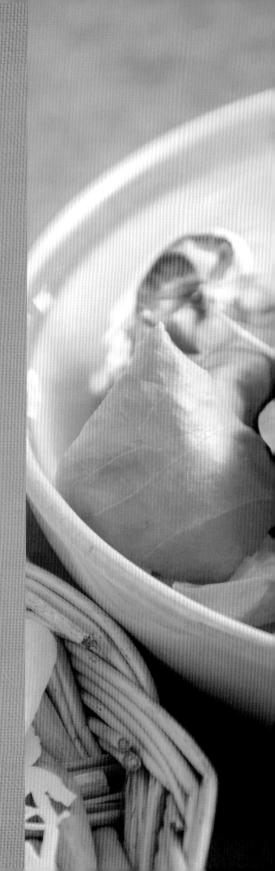

Part

4

亞洲下午茶

花園春餅

在華人的傳統中，立春的時候會吃春餅。而它在北方也叫做斤餅，就是包烤鴨的那種餅，通常是兩片一組，乾煎而成。不過隨著時代進步，麵點的手法也在進步中，現在流行把這種餅改成以蒸的方式製作，好處是比較柔軟，同時可以一次蒸熟比較多的量。窗紗一般薄薄的春餅，給人感覺是相當詩意的。搭配著春天的新綠蔬菜，預告著全新一年的來臨。

・材料 ・	餅皮	內餡	
	中筋麵粉............400克	蘿美生菜..............1顆	
	鹽..................5克	綜合生菜葉........1小袋	
	滾水..............200 c.c.	火腿片..............5片	
	食用油..............1茶匙	韓式炸雞醬..........適量	
		植物油................適量	

1 中筋麵粉與鹽混合拌勻後，將滾水倒入揉成麵糰，再加入油繼續揉捏，直到成為三光麵糰。

2 麵糰蓋上保鮮膜，靜置醒麵至少1小時。

3 醒好的麵糰分成10份，壓扁。

4 將小麵糰稍微擀開，表面刷上厚厚一層植物油，再將另一張擀好的麵餅疊上。依序重複直到疊好10張麵餅。

5 將整疊麵餅用手壓緊，再擀成較大的薄片。

6 麵餅挪到蒸鍋中，水滾後蒸約8～10分鐘。

7 食用時，將麵餅先分開，刷上炸雞醬，包入生菜與火腿即可。

大理石茶葉蛋

　　茶葉蛋是所有運動者的好朋友，熱量低而蛋白質含量高，便於攜帶也好入口。大家都愛茶葉蛋，但是有沒有想過，沒有茶葉的茶葉蛋是不是也一樣美味呢？我在配方中拿掉了茶葉，但是仍然保留香料，同時讓它穿上彩色繽紛外衣，讓一個平凡無奇的水煮蛋，變得色彩繽紛又香氣四溢，看起來比它穿白色外衣時有趣多了。

• 材料 •

香葉	1片	洋蔥	1/4顆
八角	1顆	雞蛋	10顆
肉桂	1小片	水	1000c.c.
花椒	1茶匙	鹽	1茶匙
黑胡椒	1茶匙	糖	2茶匙
蒜瓣	1顆	橘色色素	2滴

· 做法 ·

1 雞蛋放入冷水中煮至水沸騰，再以小火繼續煮10分鐘。

2 蛋撈出後稍微將蛋殼敲出裂紋。

3 蛋、香葉、八角、肉桂、花椒、黑胡椒、蒜瓣、洋蔥，以及糖和鹽全部放入水中，
   繼續煮20分鐘後熄火，浸泡一夜即可。

4 煮好的蛋，在外殼裂紋處刷上色素靜置一夜。

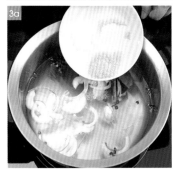

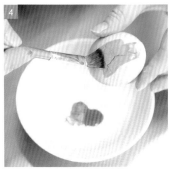

上海千層糕

　　這種甜美的糕點，是加入了酵母製作的。但是千萬別以為這樣子，它就是一個饅頭。吃過的朋友們都認為它的口感更像蛋糕。你就幻想著，它是介於蛋糕跟馬拉糕之間的口感吧。我只讓它有點顏色，如果喜歡，也不妨在內層中間加一點果乾。假使對於色素有一點抗拒，可以改成果泥，或是天然的水果粉、蔬菜粉來改變它的顏色，同時讓它散發自然蔬果的香味。蒸熟的麵點在熱騰騰時是柔軟而香甜的，可是一旦放涼，可能會有一點點老化的問題。沒關係，只要再稍微回蒸一下，在水蒸氣的環抱中，又會恢復原本的柔軟口感。喜歡柔軟口感的朋友，可以多試一試這種蒸製的點心。

・材料・

A

中筋麵粉	500克
奶油	100克
水	300c.c.
綿白糖	150克
酵母	7克
泡打粉	5克

B

中筋麵粉	50克
糖	30克
酒釀	1茶匙
椰子油	30克

· 做法 ·

1   將材料A全部放入攪拌缸中拌成光滑麵糰。

2   麵糰分成5份，分別放入綠、紅、黃、藍色素，揉成彩色，及一塊白色，並將彩色麵糰拼接成一塊。

3   將材料B混勻。

4   將步驟3的麵糊包入步驟2的彩色麵糰中。

5   擀開成長條，摺三次。

6   步驟5的麵糰從中間切開反摺，入模，放在39°C的溫水上發25分鐘，再把水煮滾，以中火蒸20分鐘。

這個麵糰和好之後會非常濕黏，不太好控制。
只要感覺黏手，就撒一些乾麵粉做為手粉，並多多利
用切麵板幫助翻摺。

充滿香甜味道的記憶

我來自一個上海家庭，所以喜歡吃的甜點，和兒時記憶大有關係。

和大部分的江浙人一樣，我父親是很喜歡吃糯米製品的人，所以影響了我們家姊妹，大家也熱愛湯圓、鬆糕、粽子等甜食。

尤其是鬆糕，那是過年時必須的供品，因為我爺爺也愛鬆糕啊。大年初一的早晨，一醒來，空氣裡就瀰漫著香甜的味道，那是混合著紅棗、紅豆和大米的香氣，也是代表著好東西的味道。

直到我長大後，某一次的父女閒聊中，老爸告訴我，上海傳統鬆糕才沒有我們吃了多年的台灣鬆糕這麼花俏呢。這簡直讓我驚訝得下巴快掉下，原來我心裡以為的傳統，從來都不是真的傳統。

後來我又想想，所謂的「傳統」是傳誰的統？要多久的時間，才能被稱「傳統點心」呢？

話說回來，我是不是又執著了？懷念家鄉的江浙人，按照心裡的念想複製了想像中的糕點，在新的土地上穿了一件新衣服，也沒有什麼不好啊。

所以我要自己別執著了，好玩好吃就好。還有什麼比吃美美、吃好好更愉快呢？

可麗露芋頭糕

　　台灣多產香濃的芋頭，拿來蒸製或是煮食都非常美味，而芋頭糕則是很受歡迎的一種做法。傳統上，就是把它蒸成一大塊，分切成薄薄的小片，不論是煎脆也好，或者拿來煮湯，都是非常棒的。我覺得外型一成不變有點無聊了，決定幫它換個造型，於是選擇了用可麗露的模型來蒸。原本應該是小蛋糕的成品，變成一塊塊的芋頭糕，看起來樣子非常可愛喔。

· 材料 ·

在來米粉	200克	油蔥酥	1大匙
糯米粉	100克	芋頭丁	200克
水	400 c.c.	鹽	少許
櫻花蝦	1大匙	白胡椒	少許

- 做法 -

1　芋頭切小丁備用。

2　將兩種米粉混勻。

3　櫻花蝦和油蔥酥下鍋，略微拌炒出香味。

4　芋頭丁入鍋稍稍拌炒，再倒入適量的水，並加入鹽與白胡椒煮至沸騰。

5　剩餘的冷水倒進步驟2的粉料中稍加攪拌。

6　步驟4的食材沖入攪拌盆，與米粉混拌均勻。

7　材料填進可麗露模後放入蒸鍋。

8　水沸騰開始蒸，共蒸30分鐘。

白雪鬆糕

　　我的父親是在上海誕生、長大的，鬆糕可以說是他的鄉愁。所以在我的成長記憶裡，過年一定會出現的節慶食品就是鬆糕。典型的外觀印象，是略乾而鬆的糕身拌入香氣濃郁有嚼勁的紅豆，表面灑滿青紅絲、紅棗和核桃，內餡則是紅豆沙。直到我長大了，才聽老爸說起，其實在上海，這糕是全白的，可以不必放熟紅豆。多年後看了韓國人改良傳統的米蛋糕，才發現上海鬆糕也有無限多的可能性。所以按照個人偏好加上其他的水果或糖霜，都能讓它更美味，也更變化多端。

· 材料 ·

蓬萊米粉	250克	蛋白粉	5克
糯米粉	180克	色素	適量
水	200c.c.	糖粉	100克
糖粉	80克	檸檬汁	30c.c.

• **做法** •

1　米粉、糯米粉、水 200 c.c. 混合，搓成小顆粒後加入糖粉 80 克混合。

2　將步驟 1 過篩成鬆粉狀，總共過篩兩次。

3　用無底模型，底下墊上防沾紙，倒入粉料，不按壓，抹平表面放入蒸籠。

4　將水倒入鍋中煮開，放上蒸籠蒸約 30 分鐘，取出放涼。

5　蛋白粉、糖粉 100 克與檸檬汁混合均勻，加入色素後放入擠花袋。

6　用步驟 5 的糖霜在米糕表面擠上花紋即可。

在糕體的材料中,糖的分量很少,所以表面可以多擠一些糖霜來控制整體吃起來的甜度,若不想用糖霜,則可直接在混合粉料時多加一些糖粉。

馬拉糕

　　我和馬拉糕最早的相遇，是兒時在港式茶樓吃到的點心，也是我母親最早學著在家做的蛋糕原型。時至今日，除了茶樓，連早餐包子鋪都常出現它的身影。不過傳統的馬拉糕可是一種發酵點心，並非現在常見的海綿蛋糕。這種蒸出來的發酵點心香軟而有嚼勁，比起西式的海綿蛋糕更紮實，也更清爽。我使用味道香甜的奶油來提香。油的味道一變，風格就整個改變了。可以利用各種不同味道的油，例如椰子油、核桃油或花生油，來為它穿上不同風格的外衣。

・ **材料** ・

牛奶	100 c.c.	奶油	20克
酵母	2克	低筋麵粉	120克
蛋	2顆	泡打粉	3克
糖	50克		

· 做法 ·

1　蛋加糖打發，再加入牛奶。

2　低筋麵粉與泡打粉過篩後加入酵母，倒入步驟1中拌勻，最後拌入融化奶油。

3　入模，以39℃水溫發25分鐘。

4　中火蒸25分鐘，熄火5分鐘後再開蓋。

馬拉糕，蒙塵的明珠

　　有很長一段時間，我斷定馬拉糕就是一塊蒸出來的蛋糕，因為很小的時候我媽就是這麼做。雞蛋、麵粉、糖再加點泡打粉蒸出來的方形蛋糕。我開始學著做蛋糕之後，怎麼看都覺得不太對勁。光看這做法，不是西方人吃的瑪芬蛋糕嗎？所以我就自己為馬拉糕腦補了它的身世：這一定是英國人殖民廣東後帶來的產品。

　　這邏輯看來是通的，卻不能解釋「馬拉」糕這名字的由來

　　偏巧我是個查字典狂，翻找了很多老食譜、食記及名人說吃，答案讓我有點哭笑不得。它和馬兒沒半點關係，那是馬來的轉音，是東南亞華人創造出來的點心。傳到了香江，成為了茶樓的寵兒，甚至曾一度成為客人考驗茶樓師父手藝的聖品。

　　我也依稀記得，在我小學時，馬拉糕是很受人熱愛的點心，到我長大工作之後，它卻變成了早餐饅頭店的附帶商品，還很少人會回頭多看它一眼。

　　其實一個好的馬拉糕和瑪芬真的不一樣，馬拉糕運用了酵母的力量，輔以泡打粉，讓它吃來蓬鬆濕潤而又有嚼勁，可說是中學為體西學為用。真的要稱讚一句：好吃啊！

桂圓米蛋糕

　　我一直都不太愛吃桂圓,嫌棄它過於甜膩,風味又太強烈。但假如把它隱藏在蛋糕裡,卻又成了我的最愛。我喜歡把桂圓蛋糕看成是我們台灣式的全蛋海綿蛋糕,但我想到的另外一個變化,是用米粉取代麵粉,即使對麩質過敏的人也可以享用,同時蒸出來的蛋糕也比較不上火氣。潤澤爽口之外,滋味也很獨特。

· **材料** ·

桂圓乾	30克	蛋	2顆
紅酒	15～20 c.c.	沙拉油	25克
黑糖	2茶匙	糖	20克
冷水	1又1/2茶匙	在來米粉	50克
核桃	50克	牛奶	220 c.c.

· 做法 ·

1   桂圓浸入紅酒中，再加入黑糖與冷水浸泡至少一夜。

2   核桃烤香備用。

3   蛋黃與油混合，一起打發。

4   蛋白、糖混合，一起打發。

5   步驟3的蛋液與在來米粉、牛奶混合均勻，再加入已浸漬一夜的桂圓、烤香的核桃，及步驟4的打發蛋白拌勻。

6   蛋糕糊倒入模中，放入烤箱以170°C烘烤18～20分鐘。

Part

5

飲品糖水

杏仁豆腐

　　不喜歡杏仁豆腐的人還真是多呀，我想應該都是被市售合成杏仁的味道嚇壞了吧。如果曾經聞過天然南北杏的味道，應該是不會討厭杏仁的，那種柔和香甜的味道，其實相當討喜。自製杏仁豆腐非常容易，就跟做一碗果凍差不多。唯一不太一樣的步驟，就是要幫杏仁濾渣，而濾出來的渣，還可以再做成杏仁餅乾，也是非常美味喔。在炎熱的夏季，冰鎮過的杏仁豆腐，加上清涼的薄荷茶，就能做成一碗消暑的飯後甜點。

• **材料** •

南杏	130克	煉乳	1茶匙
水	600 c.c.	糖	80克
洋菜	5克		
吉利丁	5克（約2片）	柳橙切片	
牛奶	200 c.c		

· **做法** ·

1　南杏在水中浸泡一夜後瀝乾，加入 600 c.c. 清水打成漿過濾。

2　另取一碗冷水，將洋菜浸泡在水中軟化。

3　再取另一碗冷水，吉利丁浸泡在水中軟化。

4　將洋菜與糖加入杏仁漿中煮沸，直到洋菜與糖均溶化後熄火。加入吉利丁，以餘熱
　　將吉利丁溶化。

5　牛奶與煉乳加入杏仁漿中，混合拌勻。

6　倒入容器中靜置冷卻，再放入冷藏庫冰鎮直至凝固。

7　凝固的杏仁豆腐切成小塊，搭配糖水與柳橙切片即可食用。

tips

在搭配杏仁豆腐的糖水中放入薄荷茶包浸泡出味道，
或放入新鮮薄荷茶，就能創造出令人眼睛一亮的清新
味道！

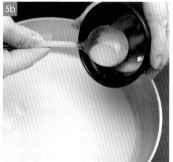

八寶陰涼綠豆湯

　　會在綠豆湯中加入薄荷茶和糯米飯粒的，說來只有蘇浙地區的人吧！我的父親生長於上海，一直對家鄉味念念不忘，但有鑑於這綠豆湯的做法較繁複，所以這道甜湯一直只存在他口中，從未勞煩老媽做過。直到我成為一個烘焙老師，才有機會復刻他心中的神奇綠豆湯。而這甜湯的重點，其實是那「八寶」二字，意即以綠豆為主，加少許有口感的輔料，再兌上薄荷水。說實話，我覺得這組合太高明了。降火的綠豆，配著清涼的薄荷，以及少許富有嚼感的糯米飯粒，夏季的暑氣就這樣一點點地被化解了。

· 材料 ·

綠豆	100克	糖	200克
百合	50克	新鮮薄荷葉	5片
蓮子	50克	水	1000 c.c.
糯米	50克		

· **做法** ·

1   綠豆、百合、蓮子、糯米分別浸泡一夜。

2   步驟1的四種生料分別加水煮軟。

3   糖加入水中，煮至沸騰後熄火，放入薄荷葉加蓋燜成薄荷茶。

4   食用時，在碗裡分別放入綠豆、百合、蓮子、糯米飯，再澆入薄荷茶即可。

家傳清涼甜品

在台灣，綠豆湯實在是個再尋常不過的點心了。

老媽煮的綠豆湯用料可說是豐富，除了綠豆，還會擱點蓮子和百合。大熱天時凍得透心涼的甜湯，鬱鬱蔥蔥的濃綠，沉浮著白色的果實，光用看就覺得暑氣消了一大半。

但這應該還不是最精采的版本，因為在蘇浙一帶，直接讓它變成了一種八寶湯。而且為了保持湯底清澈，所有的料都得分開煮，最後加上薄荷糖水，以增加清涼感。

真是別小看這薄荷茶，我曾在外出教學時用過這方子。當時在溽暑中，我看到台下的同學們都舒展了神色，眉開眼笑的。

於是，這就成了我的家傳夏日涼品。

而獨樂樂不如眾樂樂，這次在書中，我加入了我自己的版本和大家分享，一起擊退這幾年氣溫越來越高的大熱天吧！

水果檸檬愛玉

愛玉算是台灣特有點心，很少在其他地方見到。而愛玉產在相當高海拔的山區，也算是一種高貴不貴的材料吧。台灣人幾乎沒有不認識愛玉的，但我們通常都是放在蜂蜜或者是檸檬水裡。不過，冰涼的花果茶或者果汁，其實也是愛玉的好搭檔喔！

• 材料 •

愛玉籽	20克	蜂蜜	適量
任一種花果茶1包或1大匙		冰塊	適量
水	1000 c.c.	水	適量
檸檬汁	適量	柳橙	1顆

·做法·

1 檸檬汁、蜂蜜與水混勻,製成基本糖水備用。

2 花果茶包與水泡成花果茶後冷卻。

3 愛玉籽放入棉布包中,再放入清水中,以手指搓揉,直至黏液全部搓出。

4 倒入模中靜置約20分鐘。

5 倒出做好的愛玉,混入基本糖水,加入花果茶,再加冰塊和喜歡的水果即可食用。

宮廷奶酪

　　現今許多超市或咖啡廳，都能看到奶酪這款點心。然而，奶酪通常是指義大利人喜歡的牛奶果凍，殊不知，在中國傳統中早就有這個名詞了。那是用酒釀來固化牛奶，做出吹彈可破的牛奶凍，香甜可口的滋味可不輸義式、法式的甜點，同時清淡爽口，美味極了。

• 材料

　　牛奶................1000 c.c　　　酒釀中的汁水.......35 c.c

· 做法 ·

1 將牛奶加熱至 50℃左右，加入酒釀汁拌勻。

2 倒入小模型，蓋上鋁箔紙做為蓋子。

3 烤盤中加入約模型一半高的滾水，再放入小模型，以 100℃烤約 60～70 分鐘。

4 之後放入冰箱，冷藏至完全冰涼即可食用。

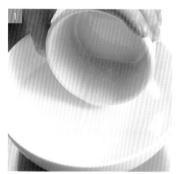

tips

　烤完的成品非常柔軟，不太適合放水果片，表面容易
塌陷。但因為此配方只有牛奶和酒釀的甜度，可淋上
蜂蜜或煉乳增加香甜味，或在煮牛奶時加些糖。

單純卻滋味迷人的奶酪

　　小時候窩在老爸身邊聽他講古，最愛聽他說舊上海時代的奇特小吃。部分的產品已經在台北有得買，那時有像是台北「九如」這種點心店，也有「普一」這種新舊融合的麵包店。可還有很大一部分，是只聞其名不見真身的。奶酪，更是其中神一般的存在。

　　識字以後，迷上了當時的散文食記，許多作者都對奶酪這種點心讚譽有加。但我真正看到並品嚐到這點心，是台北第一家京兆尹成立後。當時第一口嚐到的滋味，很是難忘啊。

　　它比布丁更軟，淡雅鮮美的牛奶滋味，冰涼地滑過喉間，很有種超軟乳酪的感覺。

　　製法其實很簡單，就牛奶加酒釀後去發酵。但它很考驗材料，牛奶不醇厚、酒釀不夠濃，就不易凝固。這是不是印證了我總掛在嘴邊的理論：步驟越少、食材越簡單的點心，才是難做的點心呢！

薑汁撞奶

　　有一句養生的諺語是，「冬吃蘿蔔夏吃薑，不勞醫生開藥方。」薑在我們的生活中可大有用處了，去腥、提味、驅寒、保健……各種時候都可見薑的身影，更棒的是鹹甜皆宜，而香港人的薑汁撞奶更是冷熱皆宜。冬天的下午茶，我很愛現撞一碗薑汁撞奶，熱熱辣辣的薑味，會讓人暖得捨不得放下碗。

• 材料 •

薑汁.................30 c.c　　　糖.....................60克
牛奶.................300 c.c

· 做法 ·

1　將老薑用搓板碾成泥狀後，瀝出薑汁。取 30 c.c.，平均放入兩個碗中備用。

2　牛奶加糖後，以小火煮至 70～80℃。加溫時必須經常攪拌，幫助糖溶化並防止表面
　　凝固結皮。

3　牛奶煮至需要溫度時熄火，立刻沖入碗中和薑汁混勻。

4　靜置約 10 分鐘，碗內牛奶凝固即可食用。

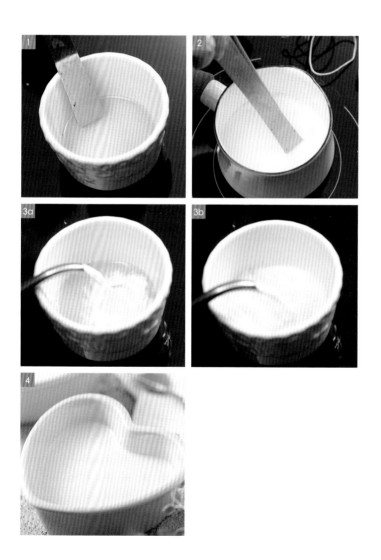

由於這多半被視為冬季飲品,所以配方中使用了老薑,但也可以使用嫩薑。

注意薑汁一定要現磨,且牛奶加熱時以溫度計測量至準確溫度,快速沖入薑汁,才能降低失敗率。

小魚湯圓

這是我某一年元宵節的突發奇想：將平常的酒釀桂花湯底，改成綠茶拿鐵。可愛的小魚優游其中，一定很開心。不過，即使用一般的糖水做甜湯湯底，小魚造型也可以讓冬至吃湯圓時更添樂趣。

• 材料 •

糯米粉.............100克　　糖水.................適量
嫩豆腐.............100克　　粉紅色、紫色色素...少許

· **做法** ·

1　將糯米粉與豆腐揉成米糰。

2　米糰分成5份，加入色素成為白色、淺粉、深粉、淺紫及深紫的米糰。

3　將所有米糰擀成長條後疊起、壓緊、切薄片。

4　切好的小片捏成小魚形，即可放入滾水中煮滾。

5　將湯圓撈出放在糖水中即可。

泡沫珍珠奶茶

珍珠奶茶真是台灣之光啊，這個可愛的小粉圓，讓絲滑的奶茶增添了有彈性的口感。但我較不偏好早期以奶精粉泡出的奶茶味道，於是借用了咖啡拿鐵的手法，讓茶也充滿奶泡的香味。另一方面，自製的小珍珠完全不添加防腐材料，很值得花一點時間製作，為生活增添大大的樂趣。

• 材料 •

地瓜粉	100克	水	200 c.c.
黑糖	30克	普洱茶葉	2茶匙
水	60 c.c.	滾水	150 c.c.
糖	200克	牛奶	100 c.c.

‧ 做法 ‧

1　地瓜粉與煮滾的黑糖及 60 c.c. 水混合揉成糰，搓成長條後切成小圓塊，入滾水煮熟。

2　200 克糖與 200 c.c. 水煮成濃糖水後，將煮好瀝乾的珍珠泡入。

3　普洱茶用 150 c.c. 滾水沖泡，靜置 10 分鐘。

4　牛奶加熱後，用奶泡機打發。

5　杯中先放 1 大匙含糖液的珍珠再加普洱茶，最後慢慢倒入打發的牛奶即可。

今天我想來點中式點心：

麵點、餅、派、糖、鬆糕、甜湯，30種傳統味道新魅力

作　　　者／陳妍希
企 畫 選 書／陳思帆
責 任 編 輯／陳思帆、楊如玉
版　　　權／黃淑敏、吳亭儀
行 銷 業 務／周佑潔、華華、黃崇華

總 　 編 　 輯／楊如玉
總 　 經 　 理／彭之琬
事業群總經理／黃淑貞
發 　 行 　 人／何飛鵬
法 律 顧 問／元禾法律事務所　王子文律師
出　　　版／商周出版
　　　　　　城邦文化事業股份有限公司
　　　　　　臺北市104民生東路二段141號9樓
　　　　　　電話：(02) 2500-7008　傳真：(02) 2500-7759
　　　　　　E-mail: bwp.service@cite.com.tw
發　　　行／英屬蓋曼群島商家庭傳媒股份有限公司　城邦分公司
　　　　　　臺北市104民生東路二段141號2樓
　　　　　　書虫客服服務專線：(02) 2500-7718；2500-7719
　　　　　　24小時傳真專線：(02) 2500-1990；2500-1991
　　　　　　服務時間：週一至週五上午09:30-12:00；下午13:30-17:00
　　　　　　劃撥帳號：19863813　戶名：書虫股份有限公司
　　　　　　讀者服務信箱E-mail: cs@cite.com.tw
　　　　　　歡迎光臨城邦讀書花園　網址：www.cite.com.tw
香港發行所／城邦（香港）出版集團有限公司
　　　　　　香港灣仔駱克道193號東超商業中心1樓
　　　　　　E-mail: hkcite@biznetvigator.com
　　　　　　電話：(852) 25086231　傳真：(852) 25789337
馬新發行所／城邦（馬新）出版集團【Cité (M) Sdn. Bhd.】
　　　　　　41, Jalan Radin Anum, Bandar Baru Sri Petaling,
　　　　　　57000 Kuala Lumpur, Malaysia.
　　　　　　電話：(603) 9057-8822　傳真：(603) 9057-6622　email: cite@cite.com.my

封 面 設 計／林芷伊
內 文 排 版／豐禾設計
印　　　刷／高典印刷有限公司
經 　 銷 　 商／聯合發行股份有限公司　　電話：(02) 29178022

2021年 (民110) 1月7日初版　　　　　　　　　　　　Printed in Taiwan
■定價400元

著作權所有 · 翻印必究
ISBN　978-986-477-982-6

國家圖書館出版品預行編目（CIP）資料

今天我想來點中式點心／陳妍希著；-- 初版. --
臺北市：商周，城邦文化出版：英屬蓋曼群島
商家庭傳媒股份有限公司城邦分公司發行，民
110.01
　面；公分
ISBN 978-986-477-982-6（平裝）

1. 點心食譜　2. 中國

427.16　　　　　　　　　　　　　　109021823

城邦讀書花園
www.cite.com.tw

廣　告　回　函
北區郵政管理登記證
台北廣字第000791號
郵資已付，免貼郵票

104 台北市民生東路二段141號2樓
英屬蓋曼群島商家庭傳媒股份有限公司
城邦分公司　收

請沿虛線對摺，謝謝！

書號：BK5175　書名：今天我想來點中式點心　編碼：

商周出版

讀者回函卡

感謝您購買我們出版的書籍！請費心填寫此回函卡，我們將不定期寄上城邦集團最新的出版訊息。

不定期好禮相贈！
立即加入：商周出版
Facebook 粉絲團

姓名：＿＿＿＿＿＿＿＿＿＿＿＿＿＿＿＿＿＿ 性別：□男 □女

生日：西元＿＿＿＿＿年＿＿＿＿＿月＿＿＿＿＿日

地址：＿＿＿＿＿＿＿＿＿＿＿＿＿＿＿＿＿＿＿＿

聯絡電話：＿＿＿＿＿＿＿＿ 傳真：＿＿＿＿＿＿＿

E-mail：

學歷：□ 1. 小學 □ 2. 國中 □ 3. 高中 □ 4. 大學 □ 5. 研究所以上

職業：□ 1. 學生 □ 2. 軍公教 □ 3. 服務 □ 4. 金融 □ 5. 製造 □ 6. 資訊

　　　□ 7. 傳播 □ 8. 自由業 □ 9. 農漁牧 □ 10. 家管 □ 11. 退休

　　　□ 12. 其他＿＿＿＿＿＿＿

您從何種方式得知本書消息？

　　　□ 1. 書店 □ 2. 網路 □ 3. 報紙 □ 4. 雜誌 □ 5. 廣播 □ 6. 電視

　　　□ 7. 親友推薦 □ 8. 其他＿＿＿＿＿＿＿

您通常以何種方式購書？

　　　□ 1. 書店 □ 2. 網路 □ 3. 傳真訂購 □ 4. 郵局劃撥 □ 5. 其他＿＿＿

您喜歡閱讀那些類別的書籍？

　　　□ 1. 財經商業 □ 2. 自然科學 □ 3. 歷史 □ 4. 法律 □ 5. 文學

　　　□ 6. 休閒旅遊 □ 7. 小說 □ 8. 人物傳記 □ 9. 生活、勵志 □ 10. 其他

對我們的建議：＿＿＿＿＿＿＿＿＿＿＿＿＿＿＿＿＿＿

＿＿＿＿＿＿＿＿＿＿＿＿＿＿＿＿＿＿＿＿＿＿＿

＿＿＿＿＿＿＿＿＿＿＿＿＿＿＿＿＿＿＿＿＿＿＿